AF257262

D'ALGER

A

OUARGLA

PAR

V. ALMAND

CAPITAINE DU GÉNIE

ALGER
ADOLPHE JOURDAN, LIBRAIRE-ÉDITEUR
4, PLACE DU GOUVERNEMENT, 4

1890

D'ALGER A OUARGLA

D'ALGER

A

OUARGLA

PAR

V. ALMAND

CAPITAINE DU GÉNIE

ALGER

A DOLPHE JOURDAN, LIBRAIRE-ÉDITEUR

4, PLACE DU GOUVERNEMENT, 4

—

1890

A LA MÉMOIRE

DE

MONSIEUR LE CAPITAINE DU GÉNIE

DU BOIS St-SÉVRIN

La prise de Laghouat en 1852 amenée par les agissements du chérif Mohammed ben Abdallah, sultan d'Ouargla, fut suivie en 1853, d'une expédition dirigée contre lui. Le chérif vaincu par Si Hamza au Ghourd bel Ktouta, à 115 kilomètres Sud-Est d'Ouargla, la lointaine oasis fit sa soumission.

Depuis cette époque, plusieurs colonnes ont visité Ouargla, soit pour rétablir l'ordre troublé, soit pour montrer que la France veillait toujours; mais longtemps on ne fit que passer. L'annexion du M'zab en 1881 fut le prélude d'un établissement plus solide dans la région. En 1885, on décida la construction d'un bordj à Ouargla, sur le plateau des Beni-Thour. Les travaux furent entrepris en 1886-1887. Au mois de septembre de chaque année les travailleurs militaires partent d'Alger pour la campagne du Sud.

C'est le récit du voyage de la colonne envoyée en 1887 qui est présenté ici au lecteur.

D'ALGER A OUARGLA

1° D'ALGER A LAGHOUAT

26 septembre. — D'Alger à Douéra

A cinq heures précises le signal du départ est donné. Il fait à peine jour; de gros nuages sillonnés d'éclairs font craindre la pluie. La colonne se compose de 30 sapeurs du génie et d'un détachement du pénitencier de Bab-el-Oued; trois prolonges portent les bagages.

Les zouaves forts de 50 hommes entrent dans la colonne à la porte du Sahel; ils sont commandés par un sous-lieutenant, Monsieur V..., qui les amène à Ouargla.

La montée d'El-Biar est dure et longue; des camarades nous accompagnent et nous offrent au village, le coup de l'étrier, puis une vigoureuse poignée de mains aux amis et en avant!

Un départ met toujours quelque tristesse dans l'âme, surtout quand on marche vers l'inconnu. Heureusement qu'à deux les idées noires n'ont pas longue prise. A Ben-Aknoun, nous ne parlons que de notre long voyage, de la façon de vivre en route et des mille choses bizarres que nous rencontrerons.

Voici Dély-Ibrahim, un des points culminants du Sahel d'Alger; de là, on voit au loin la mer assiégeant de sa ligne d'écume la côte qui fuit vers l'Est pour se perdre dans la masse sombre du Chenoua. En face, le fort et la presqu'île de Sidi-Ferruch, l'abbaye de Staouéli. A gauche, la chaîne du petit Atlas se hausse superbe dans le brouillard du matin, elle court vers le Sud-Ouest pour se cacher bientôt derrière la bordure maritime de la Metidja où se dessine, dans la brume, la silhouette conique du tombeau de la Chrétienne.

La route monte et descend à travers des collines broussailleuses jusqu'à Baba-Hassen; ici les vignes paraissent : on vendange partout. Après la traversée d'un affluent à sec de l'Oued-Kerma, la grande rivière du Sahel, nous entrons à Douéra.

Douéra fut à l'origine un camp établi en 1834 pour surveiller la plaine et protéger la colonie naissante contre les incursions des Hadjoutes. Le camp attira des cantiniers et des marchands; une agglomération de maisons se forma et fit peu à peu de ce poste le centre administratif et commercial du Sahel.

Douéra se groupe autour d'un pénitencier militaire et d'une église juchée sur un piton ce qui la fait apercevoir de fort loin. Le terrain de campement, où s'installent les détachements, est entre la route d'Alger et le pénitencier.

La colonne s'augmente ici d'un fort détachement de pénitenciers sous la conduite d'un lieutenant et d'un long convoi de mulets du train rejoignant Miliana pour les manœuvres du Tell.

Cependant le soir est venu et il faut goûter de la première nuit sous la tente. J'ai un brancard boîteux et des couvertures pour dormir; un oubli a fait laisser à Alger le maigre lit qui doit me servir pour la route et à Ouargla. Demain tout sera réparé.

27 septembre. — De Douéra à Blida

La nuit n'a pas été très bonne pour moi; le bruit de chevaux échappés, d'hommes qui rôdent dans le camp et butent contre les cordes des tentes, un lit trop sommaire dans lequel on se glisse tout habillé, contribuent à me tenir éveillé jusqu'au moment où la brillante fanfare des « *tringlots* » annonce qu'il faut songer au départ.

Les préparatifs sont vite faits et à l'heure dite, la colonne est en route pour Blida.

Nous descendons dans la nuit jusqu'aux Quatre-Chemins, les pentes du Sahel. Qui chante, son mal enchante, dit un proverbe connu; aussi, chante-t-on avec entrain. Malgré tout, cette marche de deux heures dans l'obscurité m'a paru d'une longueur mortelle et quand, à la halte, aux Quatre-Chemins, l'Orient a commencé à s'éclairer en faisant pâlir les étoiles, il m'a semblé sortir d'un rêve; je ne me suis d'ailleurs bien réveillé qu'au jour.

Jusqu'à Boufarik la route est charmante, bordée de grands arbres, de haies de cactus et d'aloës, au milieu de campagnes fertiles où l'on voit de l'eau et où les oiseaux chantent. A 7 heures, nous entrons à Boufarik : on se croirait dans un bourg français quand les ouvriers se rendent au travail, quand les boutiquiers enlèvent leurs volets en s'envoyant les uns aux autres un bonjour amical.

Nous défilons devant la statue du sergent Blandan, le héros de Beni-Méred; campé fièrement dans sa capote, il semble encore défier du regard l'ennemi qu'il sut si bien combattre.

Boufarik était en 1830 un marais inhabitable, rempli de sangliers et de bêtes fauves. En 1835, le général comte Drouet d'Erlon, y établit un camp entouré de parapets. Quelque temps après, le maréchal Clausel y créa une ville qui dépérit jusqu'en 1856, tant la lutte fut longue contre la fièvre du marais. Aujourd'hui dompté, d'un lieu où les corneilles ne pouvaient vivre, il est devenu un verger fertile, abondant en fruits, arrosé d'eaux vives et ombragé de beaux arbres.

La place du marché, très vaste, est assombrie par le fourré impénétrable qu'y produisent des files serrées de platanes touffus. Le camp d'Erlon, si célèbre aux premières années de la conquête, est à côté; c'est aujourd'hui une exploitation agricole.

De Boufarik à Blida, on traverse la partie centrale de la Metidja; la route file tout droit à travers le pays des Beni-Krélil, coupe obliquement la plaine en se rapprochant des montagnes. Le vent s'est levé avec le soleil, et nous fatigue beaucoup par la poussière venue des champs d'alentour. Voici l'obélisque de Beni-Méred aperçu depuis Boufarik; c'est ici que le sergent Blandan avec seize hommes d'infanterie se défendit jusqu'à la mort, le 11 avril 1841, contre 300 cavaliers arabes qui l'assaillirent à l'improviste.

En 1839, Beni-Méred n'était qu'une simple redoute avec un blockhaus; en 1841, on y créa un poste destiné à recevoir des colons militaires. Aujourd'hui c'est un village prospère ne pouvant que s'agrandir grâce au voisinage de Blida et du chemin de fer d'Alger à Oran.

Les montagnes se rapprochent. Au Sud se dresse au-dessus du fort Mimïsch le piton de Sidi Abd-el-Kader-el-Djilali : il n'a pas moins de 1,640 mètres d'altitude; les contreforts de l'Atlas boisés presque jusqu'à leur sommet, sont semés de blanches koubas qui brillent au soleil, pendant que des ravins s'élèvent des vapeurs transparentes traînant ensuite sur les pentes.

De superbes orangeries annoncent à l'avance l'approche de Blida; on ne voit maintenant qu'arbres et jardins. A 11 heures, après avoir fait le tour des remparts, le camp se dresse au Sud de la ville, dans les allées d'une promenade ombreuse à côté de la route que nous prendrons demain.

Blida ou El-Boleïda *(la petite ville),* comme toutes les villes heureuses n'a pas d'histoire; détruite, sans aucun doute, par l'invasion arabe, elle dut sortir de ses ruines plus blanche et plus parfumée que jamais. En 1825, un tremblement de terre la renversa et fit périr 7,000 de ses habitants; reconstruite depuis, elle fut prise en 1834, évacuée, puis réoccupée définitivement en 1839. Aujourd'hui Blida renferme 20,000 habitants, elle est ceinte d'un mur percé de six portes, entourée de magnifiques promenades plantées d'oliviers et d'orangers; l'oued El-Kébir qui descend des montagnes où elle s'adosse, lui envoie en toute saison une eau fraîche et pure.

Les distributions faites, tout étant en règle avec l'intendance et le commandement, il faut songer au déjeûner : il est promptement expédié. Deux camarades de lycée, perdus de vue depuis longtemps et établis à Blida, viennent me prendre au camp et me font passer avec quelques officiers une très agréable soirée.

La nuit est magnifique, agrémentée par un beau clair de lune. Mon lit est arrivé d'Alger; c'est une toile tendue entre deux cantines. J'espère mieux dormir qu'à Douéra.

---

28 septembre. — De Blida au Camp des Chênes

La fanfare d'hier nous réveille encore de bonne heure, mais nous ne partons qu'au jour. Il souffle du Sud-Ouest un vent violent; de la coupure de la Chiffa sortent d'épaisses vapeurs qui ne laissent pas que de nous inquiéter.

De Blida au village de la Chiffa, la route suit le lit de l'oued El-Kébir, jusqu'à son confluent avec l'oued Chiffa;

on franchit cette rivière sur un pont métallique dont la chaleur en allongeant les travées a disjoint les parapets, puis, tournant droit au Sud, nous marchons sur les montagnes.

La Chiffa prend sa source dans le massif du Mouzaïa et descend dans la Metidja par une succession de gorges étroites, de ravins tortueux, dont les parois à pic sont sillonnées par de nombreuses cascades. A l'entrée de ces gorges, contre un rocher en surplomb, des hirondelles s'accrochent en pépiant; à notre approche, elles fuient en tourbillonnant sur nos têtes.

Au premier tournant de la route, taillée dans le flanc gauche de la gorge, un regard en arrière fait voir la plaine de la Metidja toute blanche de villages et au loin la mer bleue par delà les collines du Sahel.

Grand halte à Sidi-Madani, ancienne auberge à côté d'une source d'eau vive fort goûtée des hommes de la colonne. Au Ruisseau des Singes, à 3 kilomètres plus haut, le coup d'œil est magique : partout des eaux courantes et de la verdure. Des herbes vigoureuses sortent des fentes des rochers et en tapissent les parois, des lianes s'accrochent aux arbres et forment avec eux un fouillis inextricable. C'est au milieu de cette végétation que, quand l'heure est favorable, les privilégiés voient des troupes nombreuses de singes qui gambadent dans les branches ; pour nous, il nous est permis seulement de contempler les dessins brossés avec humour sur les murs de l'auberge du Ruisseau et dont la race simienne fait tous les frais.

Plus loin, la gorge se creuse et se rétrécit encore ; le lit de l'oued se remplit de blocs énormes, qu'autrefois on dut faire tomber à coups de canon. Du pont de l'oued Merdja, affluent de droite de la Chiffa, on ne voit que parois à pic hautes de 100 mètres, à peine entr'ouvertes pour livrer passage aux ruisseaux qui les traversent.

A 11 heures, nous sommes au Camp des Chênes.

Le terrain de campement se compose d'une pente assez raide sur le flanc droit de la vallée ; il forme un éperon constamment exposé au vent des montagnes, à l'entrée de la partie étroite du ravin. Une auberge au bord de la route rompt seule la monotonie de cette solitude. Nous dînons le soir en plein air ; la lune se lève radieuse sur la vallée qu'elle éclaire doucement pendant qu'au camp le silence se fait peu à peu.

---

29 septembre. — Du Camp des Chênes à Médéa

Au jour, nous sommes à peine en route ; le train qui va à Miliana pour les manœuvres du Tell a suivi la route de la plaine et ce matin plus de fanfare pour réveiller le camp. Pendant 5 kilomètres, on continue de suivre la Chiffa jusqu'au pied du Nador. La Chiffa vient de droite, des mines de Mouzaïa, et reçoit ici l'oued Ouzera coulant de l'est dans une vallée large et profonde. Cependant, la route s'élève peu à peu, s'accroche au flanc de la montagne et arrive enfin par de grands lacets au sommet du Nador. Ici, par 900 mètres d'altitude, des champs d'orge, des vignes ; les aloës, les cactus ont disparu pour faire place aux peupliers et aux trembles. L'horizon, vers la gauche, est limité par les montagnes de l'Ouzera couvertes de pins et par le plan incliné du plateau que coupe la route de Laghouat. Un grand aqueduc, des toits rouges entre les arbres annoncent Médéa, dès qu'on a atteint la coupure pratiquée dans la falaise limitant au nord le massif du Nador.

La marche a été très pénible et il nous tarde de prendre un peu de repos. Le camp s'établit à l'Est, au champ de manœuvres, au-dessus des parois à pic d'une carrière de sable.

Vers 4 heures, un camarade de Médéa vient me voir et m'invite à dîner ; c'est une bonne fortune et le soir,

une franche hospitalité me fait oublier le camp et croire
que je suis en famille.

Médéa est fort pittoresque au clair de lune, mais le
vent du Nord, violent et froid, m'oblige à gagner rapidement ma tente.

On fait remonter aux Romains, la création de Médéa
sous le nom de Midiæ Coloniœ ou de ad Médias, à égale
distance de deux villes problématiques, Tirinadi et
Sufasar. Au Xe siècle, cette ville reparaît sous le nom de
Lemdia. Jusqu'à la conquête française, elle subit des
vicissitudes nombreuses, passe successivement entre
les mains de maîtres qui la ruinent et la rebâtissent
tour à tour. Les Turcs en font la capitale d'un beylik, le
Titeri, qui s'étendait assez loin vers le Sud. En 1830, au
mois de novembre, le maréchal Clauzel y entrait en
vainqueur; reprise par Abd-el-Kader, elle était en 1840
définitivement en notre pouvoir.

------

30 septembre. — Médéa

La nuit a été très froide; au jour, les tentes sont couvertes de givre. Le soleil se lève radieux, mais avec lui
un vent d'est très violent, qui soulève des trourbillons
de poussière et gâte la journée employée à visiter la
ville.

A la porte de Miliana se dresse un obélisque rappelant
les morts de la conquête; il est à côté du grand aqueduc
édifié, dit-on, vers 1156, par le Sultan marocain Yousef
ben Tachefin, alors maître du pays.

La citadelle construite sur l'emplacement de la vieille
Casbah, domine la ville et toute la région d'alentour;
elle renferme un hôpital, la caserne du 2{e} bataillon
d'Afrique, où l'on voit un théâtre fort bien monté et une
salle d'honneur aux parois couvertes des noms des
braves morts sur le champ de bataille.

Du chemin de ronde, au sud de la citadelle, la vue est magnifique. A droite, Lodi se cache dans la verdure et montre seulement une roue énorme avec un canal d'amenée qui, se profilant sur le ciel, produisent un effet fantastique.

En avant, un ravin aux pentes couvertes de vignes et de bouquets d'arbres, s'éloigne à droite pour se perdre bientôt dans la campagne jaune ; au fond, des montagnes qui fuient vert l'Est : elles limitent la vallée du Chélif dont nous ne sommes plus bien loin ; de bons yeux apercevraient, dit-on, Miliana aux flancs du Zaccar.

La citadelle est inabordable si ce n'est du côté de la ville et celle-ci lui fait encore une puissante ligne de défense à l'Ouest. La promenade se termine par une visite au jardin public, plein de beaux arbres et d'eaux courantes. La source qui arrose le jardin sourd dans un bassin où l'eau paraît bouillir comme dans une chaudière ; la vase se groupe en cônes autour des sources et simule des cratères en miniature.

La nuit tombe, il faut rentrer au camp et songer à reprendre demain le voyage interrompu.

1ᵉʳ octobre. — De Médéa à Bérouaguia

Nous avions compté pour partir sans l'inexactitude et la fourberie de l'entrepreneur des transports militaires qui nous fournit, une heure trop tard, une seule voiture au lieu de trois. On réclame, on dispute, et finalement le soleil est déjà haut que nous sommes à peine sur la route de Laghouat.

La journée promet d'être magnifique ; la route court entre de grands arbres derrière lesquels se cache Damiette, annexe de Médéa ; un troupeau de bœufs maigres fuit devant nous. Voici deux Arabes dont le burnous est tellement rapiécé qu'il ressemble à ces tapis fabriqués avec des petits morceaux d'étoffe cousus sur une toile grossière. A Hassen-ben-Ali, village de colons, nous saluons le 100e kilomètre, encore 700, et nous tenons Ouargla.

De ce village la route gravit par de longs lacets, les pentes de la montagne de Ben-Chicao.

L'Atlas est à gauche : ses pentes sont couvertes de pins. Entre lui et nous se creuse un profond ravin où l'oued Ouzera prend sa source. Le paysage est grandiose par son étendue et d'une couleur originale.

Une traverse nous conduit à un col haut de 1,500 mètres. En se retournant, on voit, dit-on, la mer : nous ne saurions cependant l'affirmer. Partout des montagnes : le petit Atlas s'élève à droite, le Nador au centre tapissé par les vignobles de Médéa dont les maisons blanches font des taches sur le fond vert ; à gauche le Zaccar et tout au loin la masse de l'Ouarensenis, l'œil du monde, donnant accès sur les plateaux de la province d'Oran.

Ben-Chicao, centre d'une commune mixte répandue alentour est de l'autre côté du col. Ce centre ne comprend qu'une auberge et un vieux bordj : nous y faisons la grand halte. On descend ensuite par une pente assez rapide à travers une forêt de chênes-lièges, jusqu'à Bérouaguia qu'on aperçoit dans la plaine des Asphodèles *(bérouak)*, au moins une heure avant d'y arriver.

Une chaleur accablante nous empêche de remarquer la laideur du pays. A deux heures, le camp s'installe sur un petit mamelon au centre du champ de foire.

Bérouaguia est un bourg de 250 habitants aligné au cordeau et dont les maisons les plus anciennes datent de la première conquête. C'est un village prospère qui s'adonne avec succès, depuis quelques années, à la culture de la vigne. Propriétaire de l'unique hôtel du lieu, une « *colonne* » de 1840 nous raconte la création du village ; elle se rappelle l'époque où les sapeurs du génie plantaient les arbres de la place et bâtissaient l'église.

A deux kilomètres, au Nord-Est, est installé un pénitencier agricole.

Bérouaguia occupe, paraît-il, l'emplacement d'un poste romain, Tanaramusa Castra qu'on plaçait autrefois à Mouzaïa; des vestiges antiques appuient cette hypothèse.

Le soir, de gros nuages cachent les étoiles et nous font craindre la pluie; la tradition en veut pour l'étape de demain. Néanmoins, sans plus d'inquiétude, après un dîner en plein air au sommet de notre mamelon, nous allons tranquillement dormir sous nos tentes.

* * *

2 octobre. — De Bérouaguia au Camp des Zouaves

Le départ se fait sans bruit au petit jour. Le ciel est pur, la route est belle : on marche avec entrain; nous traversons un plateau assez tourmenté avant d'atteindre des montagnes couvertes de pins, de chênes verts, de génevriers et d'où la vue, à mesure qu'on s'élève, s'étend au loin sur une variante du panorama d'hier.

Au mont Greno, on dévale par un sentier à pic jusqu'à la maison forestière où se fait la grand halte; nous évitons ainsi les nombreux lacets de « l'Escargot. » Du sommet du mont Greno, la route se projette sous les pieds presque horizontalement et figure un enchevêtrement assez compliqué.

De la maison forestière il nous reste huit kilomètres sur une route monotone et poussiéreuse.

Aïn-Moudjerar ou Camp des Zouaves comprend seulement une maison, auberge tenue par un colon qui veut sans succès d'ailleurs, nous mettre à contribution. Le camp est à droite de la route, sur une pente où les prolonges arrivent difficilement. La pluie nous épargne malgré les menaces d'hier et tout se passe pour le mieux.

3 octobre. — Du camp des Zouaves à Boghari

L'étape d'aujourd'hui n'est pas longue, 17 kilomètres seulement. Nous partons au jour ; le ciel est couvert et il fait froid.

La route serpente à travers une forêt de pins fort clairsemés et débouche brusquement dans la vallée du Chélif. Le contraste entre ce que nous avons sous les yeux et ce que nous avons vu jusqu'ici, est frappant. Le Tell ressemble à la France sous bien des aspects, ici, tout est changé : un monde nouveau paraît. A droite, des falaises aux assises multicolores se couronnent de pins plantés çà et là : on dirait des soldats montant à l'assaut. La rive gauche du Chélif est constituée par la montagne de Boghar toute verte à son sommet ; la rive droite est bordée d'une chaîne jaune, dénudée, dont les stratifications de rochers font saillie et courent parallèlement, séparées par des couches plus meubles que les intempéries rongent et accumulent en talus d'éboulis. Le Chélif coule au milieu, en un mince filet, au fond d'une ravine creusée à 4 ou 5 mètres de profondeur dans les alluvions argileuses de la vallée proprement dite.

Un campement d'Arabes aux tentes noires rayées de gris, est installé au débouché de l'Oued-el-Hakoum, dans le lit du Chélif ; à gauche, un amas de pierres, un mquam (1), est couvert de baguettes où pendent des loques de burnous ou de mouchoirs rouges et jaunes ; la route se peuple de cavaliers qui caracolent, de gens à âne, de piétons nombreux allant à Boghari pour le marché. Le Chélif traîne à peine un peu d'eau boueuse pour désaltérer quelques touffes de laurier-rose, la seule végétation de la vallée.

---

(1) Lieu où s'est reposé un marabout et que les Arabes marquent par quelques pierres disposées généralement en cercle.

Cependant, à un détour, Boghari paraît : quelques auberges, une bâtisse prétentieuse comme mairie, une grange servant d'église. A gauche, dans un ravin, s'élèvent encore quelques constructions françaises. Plus haut, sur la croupe d'une colline jaune s'étage qsar (1) Boghari ; sur la pente, une foule d'Arabes : c'est le marché.

Le camp s'établit à 200 mètres du village. Quand tout est organisé, que les vivres sont assurés, il est tard et le marché fini. C'est une belle occasion manquée, car le marché est ici très intéressant.

Boghari étant l'intermédiaire obligé entre le Tell et les Hauts-Plateaux, toutes les denrées du Sud passent par la coupure du Chélif et le qsar n'est peuplé que de marchands.

Qsar Boghari se cramponne sur le dos d'un mamelon aride à 150ᵐ environ au-dessus de la vallée ; les rues y sont étroites, souvent à pic et pavées de cailloux pointus sur lesquels les arabes nu-pieds marchent comme sur du duvet. Des marchands de grains, de cotonnades, de tapis, nous parlent du *Mozab* où nous passerons et nous offrent le café.

Il y a foule dans la rue où rien ne se mélange à l'élément indigène. Des nègres dansent comme des épileptiques au son de la flûte, du tambour et de lourdes castagnettes en fer. En haut d'une rue, des femmes Ouled-Naïls nous font des signaux. Peintes de vives couleurs, impassibles dans leurs habits bariolés, chargées de bijoux et de colliers, elles se tiennent sur le seuil de leur porte, pendant que d'horribles vieilles, sales et repoussantes, appellent les passants. Par une porte ouverte sur une cour intérieure, nous apercevons une de ces filles assise et faisant face à l'entrée. Vêtue

---

(1) Qsar : village arabe fortifié de la région saharienne. Ce nom est appliqué au Boghari indigène bien qu'il ne soit ni fortifié, ni dans le Sahara.

d'une robe verte, d'une écharpe rouge, d'un plastron surchargé d'épingles et d'agrafes d'argent et sur lequel retombe un triple collier de pièces d'or, le front ceint d'un diadème, avec sa figure peinte et entourée de voiles blancs, elle a grand air à distance et rappelle, toute révérence gardée, une madone dans ses atours trônant sur quelque autel de village.

Le qsar n'est pas grand et on en a vite fait le tour. Le soleil qui s'est montré sur le tard se cache dans une gloire derrière la montagne de Boghar. Le couchant prend des teintes éclatantes que nons admirerons souvent, mais une bise glaciale arrête l'enthousiasme et nous fait redescendre au camp.

Sur la rive droite du ravin, qui du qsar va au Chélif, se plaquent sur la paroi, une série de constructions blanches et grises, à reflets rougeâtres, s'étageant les unes au-dessus des autres entre des jardinets d'où sortent de hauts cactus d'un beau vert pâle. J'aurais regardé longtemps ce coin si pittoresque, sans la froidure qui fait pleurer. Il est nuit quand nous gagnóns nos tentes et tout s'endort malgré un orchestre endiablé faisant danser la jeunesse du village sous prétexte de fête patronale.

---

4 octobre. — Boghari.

Aujourd'hui, beau temps. Nous montons à Boghar vers 10 heures ; il fait très chaud. La montée est longue sans qu'il paraisse au premier abord ; elle est de huit kilomètres alors qu'à vol d'oiseau, la distance est à peine de deux. Si on veut éviter les nombreux zigzags de la route, il faut prendre une abominable traverse où les chevaux butent à chaque pas. Enfin, nous atteignons la ligne d'arbres qui marque de loin le dernier lacet et le long duquel s'alignent les maisons du village.

Boghar n'était autrefois qu'une ferme, et fut choisi en 1839 par Abd-el-Kader pour y établir un fort armé de canons et destiné à renfermer de nombreux approvisionnements. Le 23 mai 1841, le général Baraguay d'Hilliers entrait dans Boghar abandonné et incendié par les Arabes.

Boghar a reçu le nom de Balcon du Sud, de Balcon du Désert, bien que le désert soit loin d'ici. De ce belvédère haut de 400 mètres au-dessus de la plaine, le panorama est grandiose. Au premier plan, la vallée du Chélif, aride, fauve, comme ravagée par un incendie ; plus loin un moutonnement de montagnes désolées où le roc vif se montre partout ; elles sont enveloppées dans une gaze bleuâtre laissant passer les reflets rouges des pentes et l'éclat argenté des tables rocheuses éclairées par le soleil. Au delà s'étend une vaste plaine, le premier échelon des hauts plateaux, limitée par une chaîne bleue où les Seba-Rous s'alignent comme les dents d'une scie gigantesque. En face, à l'Est, Boghari et le camp, le qsar sur son mamelon, la route d'Alger qui fuit vers le Nord et où paraissent les sommets boisés des montagnes que nous traversons depuis quatre jours.

Nous regagnons le camp vers 3 heures ; on y ramène un tirailleur ivre et blessé : il y a eu bataille au qsar avec les Arabes. Pour prévenir tout accident nouveau, le camp est consigné et le blessé mis en prison. Les officiers de Boghar viennent nous faire leurs adieux et nous prenons nos dispositions pour le départ de demain.

---

5 octobre. — De Boghari à Bougzoul.

Le camp s'éveille de bonne heure ; les tentes sont abattues que le jour paraît à peine. Le ciel est pur et la journée promet d'être très belle. Nos bagages doivent se charger dès aujourd'hui sur des chameaux ; ceux-ci, défilés derrière un pli de terrain voisin du camp, ne paraissent qu'au soleil levant. A ce moment commence une scène indescriptible ; les animaux ne veulent pas se laisser charger et courent sur trois pattes dans toutes les directions en allongeant leur cou d'une façon grotesque. Ceux qu'on peut faire agenouiller poussent à la vue de leur charge des cris lamentables et produisent avec leur gosier des gargarisations formidables. Les chevaux ont peur, les chiens aboient ; c'est un vacarme étourdissant, un spectacle extraordinaire. Cependant le temps passe, les sokhrara (conducteurs de chameaux) ont caché les cordes, le chargement n'avance pas et se fait mal. Perdant patience, je bouscule un Arabe accroupi près de moi et qui répond invariablement à toutes mes demandes : « *manarph* » (je ne sais pas). Toutes les cordes cherchées étaient sous lui. Ces braves gens espéraient que nous allions nous en procurer de neuves dont ils sauraient bénéficier en nous quittant. A la menace de coups de matraque, nos Arabes ont rapidement fait leur besogne et malgré tous ces retards, nous partons à 7 heures.

La route s'engage entre des collines rougeâtres et longe presque constamment le lit du Chélif. Le pays traversé a un aspect unique. Rien ne saurait donner une idée de ces montagnes pelées, teintées de rouge, de jaune, de blanc et qui luisent au soleil. Le Chélif s'est creusé un lit dans l'argile, lit profond, aux parois à pic, où se cramponnent quelques tiges desséchées qu'ont fait mourir les ardeurs de l'été. Rien ne vient animer ces solitudes : pas une herbe, pas un oiseau, pas un homme. Au neuvième kilomètre, une source, l'Aïn-Sba, la fontaine du Lion, une maison de cantonnier, un arbre rabougri, puis le désert recommence. Au sortir de ces collines désolées, nous trouvons quelques troupeaux de moutons et des traces de culture.

Un col peu élevé nous met brusquement en vue de la plaine de Bougzoul. Partout, devant nous, une étendue verdâtre, limitée au loin par des montagnes bleues dont la ligne est rompue en face par les Seba-Rous et à droite par l'échancrure de Chellala. Un lac que nous n'avions d'abord pas vu, miroite au soleil; plus nous descendons, plus il grandit. Ses bords sont plantés d'arbres, des troupeaux paissent aux environs; il s'étend au Sud-Ouest jusqu'aux montagnes qui semblent plonger dans ses eaux: il vient à nous, ses rives sont prochaines. Tout à coup, au moment où nous descendons au niveau de la plaine, le lac se soulève du sol et semble porté par une couche d'air qui flamboie. Nous avions vu le célèbre mirage de la plaine de Bougzoul.

Nous arrivons au terrain de campement, à gauche de la route. Un caravansérail transformé en ferme est en face. Il y a trois puits à Bougzoul dont un donne de l'eau salée, les deux autres une eau douce mais tellement bourbeuse qu'on est obligé de se servir de la première. Ses propriétés purgatives ne tardent pas à se faire sentir.

Les chameaux arrivent tard, le soleil est chaud, les mouches sont dévorantes; il y en a des myriades sous ma tente que je leur abandonne.

L'après-midi se passe à regarder le mirage à l'Ouest; on voit une eau calme où les touffes d'herbes, haussées à la taille de grands arbres, donnent leur image trompeuse. Les montagnes de Boghar blanchâtres, puis roses à mesure que le soleil descend, donnent un fond magnifique au tableau.

Des hirondelles volent autour du camp, des troupes bruyantes de cangas passent au-dessus de nos têtes, des caravanes qui vont et viennent sur la route, nous intéressent jusqu'au soir.

A Bougzoul, l'aubergiste refusait autrefois à manger aux voyageurs affamés; il les rouait de coups s'ils s'avisaient de se plaindre et les envoyait à l'auberge d'en face qui n'existait pas alors. Aujourd'hui une hospitalité qui n'a rien d'écossaise, est souvent pratiquée par les patrons des caravansérails surtout à l'égard des hommes de troupe. Nous avons vu refuser du pain, puis en céder à des prix exorbitants.

Nous flânons en plein air en devisant sur ces choses, jusqu'à l'heure où la lune qui surgit à l'Orient nous invite à regagner nos tentes.

---

6 octobre. — De Bougzoul à Ain-Oussera

Réveil à deux heures, la lune au zénith aide à faire le chargement des bêtes. Nos sokhrara qui le traînaient tant hier, le font aujourd'hui en un clin d'œil et à 2 heures 30 on peut lever le camp.

La route carossable finit ici : plus qu'une piste jusqu'au bout du voyage. Nous prenons une traverse pendant que les voitures suivent « le grand chemin. » La marche se transforme en une course que nos chevaux suivent avec peine ; nous arriverons de bonne heure à Aïn-Oussera, et les traînards rejoindront pendant la grand halte.

Tout à coup, devant nous, à l'horizon, paraît un feu éclatant. C'est un foyer allumé dans un douar, dit l'un, c'est la lanterne du courrier voilée et grossie par le brouillard, dit un autre ; pendant un quart d'heure, cette lumière nous occupe, jusqu'au moment où reconnaissant l'erreur bizarre qui nous faisait croire à un rapprochement, à mesure que le feu s'élevait sur l'horizon, nous saluons l'étoile du matin qui, radieuse, nous annonce la venue de l'aurore. Peu après, en effet, l'Orient s'illumine, mais le froid devient très vif.

Au lever du soleil, les prolonges ont rejoint la colonne à El-Krechem, à côté d'une méchante auberge marquant la fin de la traversée du lac de Bougzoul.

Devant nous s'ouvre une interminable avenue jalonnée par les poteaux du télégraphe. Tout au fond, sur un monticule, on aperçoit le caravansérail d'Aïn-Oussera, mais il est encore à 15 kilomètres.

Des bethoums (1) semés dans toutes les directions, rompent, par leur masse d'un vert sombre, la monotonie du paysage ; des chameaux marchant en bataille, paissent un peu partout.

A un kilomètre d'Aïn-Oussera, nous faisons une halte forcée ; pendant dix minutes, le chemin est barré par de nombreux troupeaux de moutons et de chameaux qui viennent boire l'eau saumâtre de l'Oued-Oussera, ombragé par des peupliers et des saules.

Le camp s'établit au Sud et contre le caravansérail.

Après-midi, la température s'alourdit, les mouches font rage sous la tente et avec V... qui prend son fusil, je vais errer aux environs.

L'Oued-Oussera est un ruisseau fangeux où bêtes et gens s'abreuvent. Des Arabes, femmes et enfants arrivent à âne remplir leurs outres et veulent traverser le bourbier pour trouver une eau plus claire. Les bourricots hésitent à poser les pieds dans la vase ; les coups pleuvent, ils braient en se tournant de notre côté comme pour nous prendre à témoin de la violence qu'on leur fait ; les enfants pleurent, les femmes crient. Cependant deux horreurs de vieilles traversent avec de la boue jusqu'aux genoux et toute la bande suit. Ce bruit a mis en fuite le gibier, car V... ne voit rien ; seul, un aigle descendant sans doute de ceux qu'autrefois Fromentin vit dans ce lieu, vole à la poursuite des petits oiseaux. C'est un aigle aguerri et rusé car, pendant deux

---

(1) *Pistachia-Atlantica.*

heures, ni les hommes qui lessivent à la fontaine voisine, ni la présence du fusil de V... ne parviennent à l'intimider. Pendant ce temps, je passe la visite médicale heureusement peu sérieuse.

A 11 heures, il tonne et il pleut ; l'orage ne dure pas et rafraichît l'air. On dort mieux jusqu'au réveil.

------

7 octobre. — D'Aïn-Oussera à Guelt-es-Stehl

Réveil à une heure du matin, départ à deux. Les chameaux sont chargés rapidement : leurs jérémiades n'attendrissent plus personne. Le ciel est nuageux et la température favorable à la marche.

Nous entrons dans la région de l'halfa ; cette plante ressemble aux ajoncs et pousse par touffes isolées au milieu de bouquets de thym qui répandent une odeur fort agréable. Au jour, nous croisons à hauteur de Bellevue (!) le courier d'Alger. Notre passage met en mouvement une partie notable d'un convoi descendant composé de « joyeux » (1). Ce convoi est long d'un bon nombre de kilomètres ; constamment passent des isolés qui ont trouvé un abri dans les chaumières des halfatiers.

Un groupe en marche devant nous, à un kilomètre environ, nous intrigue vivement ; on distingue deux formes en mouvement et un âne. Sont-ce des hommes, des femmes, ou un homme et une femme? Un temps de galop lève notre indécision ; il y a un homme et une femme, mais celui que nous croyions être femme est homme et réciproquement. Le mari porte un enfant sur son dos, le bourricot tout le mobilier.

------

(1) Soldats du bataillon d'Afrique.

Ces distractions nous amènent dans une dépression de l'oued Bou-Cedraiat, où se fait la grand halte. Nous nous installons pour déjeuner sous un béthoum noueux à l'abri des rayons du soleil. Les Seba-Rous, en vue depuis deux jours, sont maintenant tout près de nous; ces mamelons sont couverts de pins, de genévriers et de blocs énormes d'une roche grise que nous prenions de loin pour des maisons.

Tout à coup, on tourne à droite ; la route devient meilleure en s'engageant dans une vallée montueuse, parallèle à celles qui barrent la plaine : au milieu s'élève le caravansérail.

L'étape a été longue et la journée chaude ; le camp dressé, les vivres assurés, je dors jusqu'à 4 heures.

Guelt-es-Stehl veut dire : la mare de l'écuelle; pourquoi ?

En face du caranvansérail, au pied d'une table de rochers et creusé dans la paroi de droite de la vallée, se trouve un réservoir couvert d'un treillis en fer. Il a été établi en partie dans le roc et réunit les eaux des pentes voisines.

Fromentin, en 1853, trouva en ce point le lieutenant du Génie qui construisait le poste. Une inscription gravée dans le rocher indique le numéro de la compagnie chargée du travail.

Une canalisation à travers un maigre jardin et le ravin d'un oued, conduit l'eau dans les citernes voisines du caravansérail.

Un caravansérail consiste en un carré bastionné aux angles et crénelé, avec une cour intérieure, sur laquelle s'ouvrent les écuries et les locaux d'habitation ; au milieu, un puits. Tous sont faits sur le même modèle.

D'ici, on voit encore vaguement au fond du paysage les montagnes pâles de Boghar et en avant, la grande plaine verdâtre noyée dans la brune.

La soirée est très belle ; nous dînons en plein air et à huit heures, les feux du camp étant éteints, nous regagnons nos tentes.

———

8 octobre. — De Guelt-es-Stehl à Rocher de Sel

Réveil à deux heures, départ à trois. Nous assistons comme l'autre matin au lever de Vénus, puis à celui du soleil, en entrant dans le bassin des deux Zahrez, chotts salés, entre lesquels passe la route de Laghouat.

Autour de nous s'étend la plaine tachetée de points verts ; au fond, une légère vapeur monte le long des montagnes du Djebel-Sahari, et plane au-dessus de masses que les jeux de la lumière font ressembler à des pans de mur, à des pignons de maisons éclairés par le soleil. On dirait une ville avec ses monuments, et plus loin, à droite, de nombreux villages. En avant une tache blanche marque le caravansérail d'El-Mesran où nous ferons la grand halte.

Partout des chameaux qui paissent, des tentes noires d'où sort une population nombreuse.

La piste devient très mauvaise ; le sable paraît d'abord en petits monticules, puis en buttes plus hautes couvertes de végétation.

El-Mesran est un ancien bordj où nous déjeunons. C'est la propriété d'un colon aux allures de gentilhomme campagnard ; il nous reçoit bien, nous amuse par son babil, mais nous vend très cher son vin et un vieux poulet.

Le Zahrez R'arbi s'étend au loin à droite, son bord Sud est marqué par une ligne de dunes : la ville de ce matin n'était qu'une ville de sable. La route traverse ces dunes fixées par une végétation abondante de tamarins ; des pousses de coloquintes traînent sur le sol et portent dans toutes les directions, comme avec des tentacules, leurs pommes jaunes et vertes.

Une masse grisâtre en forme de pyramide se dresse au Sud, sortant tout d'une pièce du sol entre d'autres mamelons aussi élevés qu'elle : c'est le Rocher de Sel. L'oued Melah coule au pied entre la montagne et un cimetière arabe orné de deux koubas. Le lit d'un affluent de l'oued qui vient du Rocher, est blanc comme la neige ; le sel cristallisé étincelle partout et fatigue les yeux par son éclat. Un mauvais passage après la traversée à gué de la rivière nous amène sur le terrain de campement à côté du caravansérail.

Le camp s'installe sur un dos d'âne entouré par l'oued Djelfa qui seulement ici prend le nom d'oued Melah *(salé)*; au loin, à droite, les montagnes boisées de la chaîne du Sénalba que nous gravirons demain ; en avant, le Rocher de Sel, s'allongeant comme une énorme bête grise au milieu des terrains plus foncés qui l'entourent. Il a dû sortir de terre un beau jour comme un vigoureux bourgeon qui crève son enveloppe; les assises du terrain soulevé sont redressées tout autour et présentent leur tranche comme les feuillets d'un livre. La masse est composée d'une roche bleuâtre fort dure, enveloppée partout par une gangue composée d'argile et de gypse réunis par des cristaux de sel. L'ascension du rocher ne se fait pas sans difficulté : partout des entonnoirs profonds, des défilés, des parois à pic. Le sol sur lequel on marche est fendillé, craquelé et ne demande qu'à céder sous les pieds ; des sources sourdent au pied du rocher dans de petites grottes tapissées de stalactites. Du sommet on domine la rivière d'au moins trente mètres.

Nous dînons ce soir à la maison forestière établie au contre-bas du caravansérail; on est agréablement surpris de voir un jardin plein d'arbres fruitiers, devant cette maison.

9 octobre. — De Rocher de Sel à Djelfa

Au départ, nous traversons au moins trois fois l'Oued-Djelfa qui, fort heureusement n'a pas trop d'eau. Au jour, une pente assez raide nous conduit à Smeïlat, grande ferme cachée dans les arbres ; plus loin, des pénitenciers observant le repos dominical, regardent avec intérêt passer leurs camarades de la colonne.

Le pays devient très accidenté ; la grand halte se fait dans un bas-fond à côté d'une source nommée Aïn-Ouarrou.

L'Oued-Djelfa, que nous traversons encore une fois à gué, descend en cascades des flancs du Sénalba. La route est bonne, mais tellement chargée de cailloux, qu'un nouveau tracé se dessine à côté de l'ancien.

Comme le commandant supérieur doit venir au-devant de la colonne, on la met en ordre à hauteur du moulin militaire, vaste construction grise crénelée, dissimulée derrière un rideau de peupliers.

On monte, on monte toujours à travers des mornes désolés montrant sur leurs flancs des assises de rochers, alternant avec des couches plus meubles où poussent des touffes grises.

Enfin, voici le sommet, une ligne de peupliers, quelques maisons, une mosquée qui se hausse sur un mamelon, un caravansérail énorme, puis, clairons sonnant, nous entrons dans la place de Djelfa.

Le camp s'installe devant l'hôpital.

Djelfa est sur la chaîne du Sénalba, à 1,100 mètres d'altitude environ ; cette élévation y donne un climat trop variable et un hiver très long.

Des marais nombreux environnaient Djelfa au moment de l'occupation de 1852, on y a rémédié par un drainage bien entendu et d'une région presque inculte, on a obtenu un pays prospère où l'orge et la pomme de terre donnent des produits abondants.

Des peupliers, des saules, des arbres fruitiers font à la ville au Sud et à l'Est, une verte ceinture. Djelfa est entouré d'un mur crénelé ; ses rues sont larges et trop bien alignées ; deux fortins flanquent l'enceinte et renferment les casernes, les magasins et l'hôpital.

On a retrouvé des ruines romaines à Djelfa et dans les environs ; les légions n'ont pas dû s'avancer beaucoup plus loin bien qu'on ait cru voir à Guerrara, dans le M'zab, des vestiges qu'on leur a attribués.

---

10 octobre. — Djelfa

Il a venté toute la nuit ; ce matin, soleil et poussière : en somme, journée fort désagréable.

La capitale des Ouled-Naïls n'a rien d'intéressant à montrer et ne doit pas être un séjour enchanteur. Les dames de la tribu y sont nombreuses, mais loin d'être jolies ; il y a mieux, paraît-il, dans les campements de la montagne.

Nous faisons nos préparatifs de départ pour demain ; la colonne s'augmente d'un détachement de la 2e compagnie de discipline venu de Bou-Saâda et commandé par un sous-lieutenant. Une fois tout réglé, un adieu aux camarades et sous nos tentes.

---

11 octobre. — De Djelfa à Ain-el-Ibel

Nous partons de grand matin car l'étape est longue. Au col des Caravanes on entre dans le bassin du Sahara. La route descend en se tenant au flanc de collines arides et rocheuses et nous amène à l'Oued-Seddeur que des arbres nous annoncent de loin ; il y a de l'eau courante et un jardin potager entretenu par le propriétaire d'une auberge, qui, voulant devenir riche, exploite les passants.

De l'oued Seddeur, la route est fort mauvaise et d'une monotonie désespérante : elle s'allonge toujours. Aussi, quand subitement nous voyons Aïn-el-Ibel, qu'un pli de terrain dérobait aux regards, un soupir de soulagement sort de toutes les poitrines.

Le camp est vite installé à droite de la route.

Sur le soir, nous visitons Aïn-el-Ibel (source du troupeau de chameaux) ; il y a un caravansérail, une auberge, un qsar en ruines et des jardins remplis d'arbres fruitiers. Le tout est tourné au Sud, sur les dernières pentes d'un bas-fond où paissent des chameaux.

---

12 octobre. — D'Aïn-el-Ibel à Sidi-Maklouf

Départ à quatre heures par un ciel couvert ; le soleil ne paraît qu'au moment de la grand halte, à Mokta-el-Oust. Un ruisseau qui traine un maigre filet d'eau à travers des lauriers-roses a servi de prétexte pour la construction d'un des trop rares ponts de la route. Une maison en ruines, dont les habitants ont été autrefois massacrés par les Arabes et où tous les passagers laissent des traces, nous donne un abri pour le déjeuner. Le pays est d'une désolation sans pareille, de partout se dégage un mortel ennui.

Les tirailleurs chantent et font que les palmiers de Sidi-Maklouf en vue depuis quelque temps, nous arrivent rapidement.

Le camp s'installe sur un terrain rocheux au Nord du caravansérail. Le ciel qui s'est dégagé ce matin, se couvre de nouveau et il pleut. Les deux palmiers agités par le vent font piteuse figure sous la pluie ; elle tombe toute la soirée et nous inquiète pour la route de demain.

---

13 octobre. — De Sidi-Maklouf à Metlili

La crainte du mauvais temps nous fait partir au petit jour ; le ciel reste menaçant, mais il ne pleut pas de la journée.

Au sortir de Sidi-Maklouf, la route est abominable ; elle court sur un terrain accidenté où les rochers affleurant le sol, rendent la marche très pénible.

Les herbes sont fleuries dans les cuvettes qui bordent le chemin ; la pluie d'hier a tout rafraîchi et le paysage est plus riant.

A hauteur du Djebel-Milock, dans un bas-fond, on rencontre quelques champs cultivés. Les montagnes se rapprochent et reprennent leur couleur des environs de Boghari.

Nous arrivons de bonne heure à l'auberge de Metlili, tenue par une femme que les troupiers taquinent et appellent « le serpent à lunettes. » Elle nous amuse toute la soirée en appelant son chien « Loulou, » qu'un zouave facétieux a caché sous sa tente.

Metlili des Larbâa est établi à côté d'un puits dans la vallée de l'oued du même nom, entre le Milock et le Djebel-Zebbecha.

Nous ne sommes plus qu'à une quinzaine de kilomètres de Laghouat.

---

14 octobre. — De Metlili à Laghouat

Le soleil se lève au moment du départ et revêt de teintes roses superbes le Djebel Milok. Cette montagne dentelée régulièrement par l'écroulement partiel de l'assise rocheuse qui en couronne le sommet s'allonge à droite. La route suit l'oued Metlili et s'approche de plus en plus de la chaîne de gauche qu'elle traverse à une coupure en même temps que l'oued. Le tronçon du Djebel Zebbecha qui est sur la rive droite porte le nom de « Chapeau du Gendarme » et il en a réellement la forme quand on le regarde de l'autre côté de la chaîne du Zebbecha.

Des camarades nous attendent et nous souhaitent la bienvenue ; des mulets de renfort sont arrivés et aideront les nôtres à franchir le mauvais pas de « la prise d'eau. »

La prise d'eau est la traversée de l'oued Mzi, longue d'au moins 1,500 mètres. C'est une piste caillouteuse où les voitures enfoncent dans le sable jusqu'à l'essieu.

La lumière semble plus limpide et le ciel plus pur. Une vaste roseraie, des saules et des peupliers, puis la masse plus sombre des palmiers se présentent successivement aux yeux. Une ligne de remparts, deux forts, apparaissent au-dessus des arbres.

On entre dans l'oasis par une longue et large avenue bordée de murs escaladés par des branches où pendent encore des coings jaunes et des grenades rouges. Tout est gai et vert. Voici les premières maisons, des portiques ; une vaste construction polychrome, en face le débouché de l'avenue, produit un effet surprenant.

La colonne des travailleurs va s'organiser définitivement ici avant de reprendre la route d'Ouargla.

Du 15 au 23 octobre. — Laghouat

Laghouat est à l'entrée du Sahara ; c'est la première oasis que l'on rencontre, quand d'Alger on va dans le Sud.

« Figurez-vous au milieu d'une plaine jaune une forêt
de grandes tiges droites et nues, couronnées par des
panaches d'un vert épais et lourd ; de vrais balais, tels
que ceux dont les ménagères se servent pour atteindre
les araignées, mais longs de vingt mètres et d'une
fierté de port incomparable ; représentez-vous ces grands
plumeaux groupés par milliers et jetant leurs silhouet-
tes fantastiques sur un ciel argenté : voilà le cadre de
Laghouat (1). »

Quand en janvier 1880, M. Choisy écrivait ces lignes
sur les palmiers de Laghouat, il était dans la saison la
moins propice pour les bien juger. Tous les arbres
secondaires ont à ce moment perdu leurs feuilles et
c'est sur un fond gris sale, produit par les stipes serrés
des différents plans de palmiers, que se profilent les
dattiers du premier ; qu'on y joigne des feuilles d'un
vert terne, à allures métalliques qui ont pu faire com-
parer le palmier à un arbre en zinc, et on ressent, en
effet, une impression défavorable.

Elle est autre à la saison où nous sommes, car les
arbres fruitiers des jardins ont encore leurs feuilles ;
ils se montrent et retombent en gerbes vertes par
dessus tous les murs. Abricotiers, pêchers, coignas-
siers, grenadiers, vigne qui grimpe partout, forment un
fouillis impénétrable d'où surgissent les tiges élancées
des palmiers portant vers le ciel leur panache de grandes feuilles. Alors le cadre est complet, le palmier règne
sur son domaine : nul ne l'égale en grâce et en majesté.

Pour avoir une idée de Laghouat et du pays d'alentour,
il faut monter un matin sur la terrasse du fort Morand.

Au Nord, sur le bleu du ciel, se détache en bleu plus
sombre le Djebel-Azereg, coupé à mi-hauteur par la
ligne dentelée du Milock, presque complètement rose ;
plus près, les mamelons jaunes du Djebel Raz-el-Aïoun

***

(1) *Le Sahara*, souvenirs d'une mission à Goléah, par Auguste
Choisy.

courent indéfiniment vers le Sud-Ouest. Cette chaîne présente en face, une vaste brèche, où passe l'oued Mzi dont les méandres se dessinent sur le sable et limitent vers l'Est la zône des jardins. Une longue ligne verte composée de saules et de peupliers part de cette coupure et longe la grande « séguia » (1) qui, prenant l'eau à la rivière, l'amène dans Laghouat. Cette ligne d'arbres prolonge fort loin le sommet du triangle formé par l'oasis nord ; son côté opposé vient presser la ville contre le Rocher des Chiens dont le fort Morand couronne un des sommets.

Le Rocher des Chiens (Djebel-Tisgrarine) partage la ville et l'oasis en deux ; il est dirigé sensiblement du N.-E. au S.-O., et présente en arrière du fort, une brèche analogue à la coupure du Raz-el-Aïoun par où s'écoulent les eaux de l'Oued-Mzi.

Le fort Morand constitue le bastion Sud-Est de l'enceinte de la ville ; celle-ci se présente comme une masse gris-terreux où les terrasses des maisons figurent comme les cases d'un damier et d'où sortent avec quelques palmiers, le clocher blanc de l'église et le haut minaret polychrôme de la mosquée. Les maisons débordent par un col de l'autre côté du Rocher des Chiens, et s'amorcent avec le sommet d'un long triangle isocèle fait des masures arabes du quartier du Schtett.

Au Midi et par delà les jardins de l'oasis Sud, la plaine s'étend jusqu'aux limites de l'horizon ; cette plaine, brûlée par le soleil, est tâchetée çà et là par des buissons de jujubiers. L'Oued-Mzi y court entre des dunes blanches et le prolongement du Djebel-Tisgrarine.

Sur un mamelon faisant pendant de l'autre côté du col qui joint les deux parties de la ville et de l'oasis, à celui où se trouve le fort Morand, s'élève, semblable à un château du moyen-âge, le fort Bouscaren. Il a grand

---

(1) Canal.

air avec ses créneaux et les machicoulis qui couronnent le pourtour de sa terrasse ; aux angles, des échauguettes rondes complètent la défense. Construit avec une belle pierre jaune se mariant harmonieusement avec la masse fauve du rocher qui lui sert de piédestal, il s'enlève superbement et commande tous les environs.

Laghouat, avec sa ceinture de murailles, a la forme d'un long rectangle partagé en trois autres plus petits. Le plus grand contient la ville coupée par une rue longitudinale et des rues perpendiculaires très étroites. Un carré, qu'entourent de belles constructions à arcades, avec des piliers rouges et des façades jaunes; des palmiers semés çà et là dans les rues et sur les places ; des hommes drapés comme des statues et alignés assis ou debout contre les murs ; des femmes d'une laideur effroyable et d'une saleté que rien n'égale, des enfants presque nus se roulant dans la poussière ; des bourricots qu'on tape, des chameaux qui passent majestueusement : voilà tout Laghouat.

Ce qu'on ne saurait rendre, c'est l'impression produite quand tout est baigné dans la chaude lumière d'un beau jour ; le soleil exalte encore l'éclat des couleurs et cependant, ce qui chez nous donnerait les oppositions les plus choquantes, s'harmonise ici de la façon la plus heureuse. C'est partout une fête pour l'imagination, un régal sans pareil pour les yeux éblouis.

Laghouat fut prise d'assaut par les Français, le 4 décembre 1852 ; le chérif d'Ouargla, Mohammed ben Abdallah, battu au pied du Djebel-Amour dans une pointe qu'il poussait vers le Nord, s'était réfugié dans cette place et en excitait les habitants contre nous. Une expédition fut décidée pour rétablir l'ordre ; deux colonnes, l'une, commandée par le général Yusuf, vint de Djelfa, l'autre, sous les ordres du général Pélissier, de Géryville. L'attaque eut lieu simultanément à l'Est et à l'Ouest, sur les hauteurs du Rocher des Chiens. C'est à l'Ouest que se livra la vraie bataille et que Bouscaren, Bessières, Morand et d'autres héros trouvèrent une mort glorieuse. Le marabout de Sidi-el-Hadj-Aïssa fut pris et occupé par l'artillerie, on dut l'éventrer pour y abriter une pièce de canon qui, de là, tirait à bout portant sur le rempart. La brèche fut pratiquée un peu au-dessous de l'hôpital actuel et enlevée avec la plus grande vigueur. Aujourd'hui Laghouat réorganisée très fortement, tient sûrement tout le Sud de la province d'Alger.

Les environs de Laghouat n'ont rien de remarquable: c'est l'aridité la plus absolue.

Les montagnes du Nord sont des curiosités géologiques. Le Milock, à ce point de vue, a une physionomie spéciale. Qu'on se figure un plateau rectangulaire, élevé de 150 mètres au-dessus de la plaine environnante et recouvert d'une table rocheuse dont la tranche de couleur brune, marque d'une ligne sombre les parois presque à pic. Ce plateau s'est fendu suivant les diagonales et les quatre triangles obtenus, faisant bascule autour des côtes du rectangle se sont effondrés sous leur poids, en créant une vallée intérieure. Cette explication géométrique peut donner une idée de la forme du Milock, mais elle est loin d'être scientifique. Le Milock, est un débris de plissements analogues à ceux du Jura: il ressemble à une combe de ce pays; on y trouve même une cluse qui fend l'une des parois et donne passage à un Oued dont le lit est à l'intérieur. Une source sort des rochers de la cluse au milieu des figuiers et des lauriers roses. Ce coin verdoyant est une petite oasis à côté de sa grande voisine de Laghouat.

L'Aïn-Milock va alimenter le lit souterrain de l'Oued-Mzi; cette rivière prend sa source dans le Djebel Amour à quelque cent kilomètres d'ici, se perd après Tadjemout et reparait au Djebel Raz-el-Aïoun, à la coupure appelée « prise d'eau. » En ce point, un barrage en sable dirige sur Laghouat, par une « séguia » (canal), la plus grande partie de l'eau de l'Oued. Le reste court dans le sable jusqu'au qsar d'El-Assafia, à 12 kilomètres de Laghouat. L'Oued-Mzi se perd de nouveau, mais son lit à sec se poursuit jusqu'au Chott-Melrir, sous le nom d'Oued-Djedi. Après les pluies d'hiver ou un orage d'été, l'Oued coule à pleins bords ; ses crues sont si subites que chaque fois de terribles accidents se produisent.

La configuration si curieuse du Milock se retrouve, mais d'une façon moins accentuée, entre cette montagne et Laghouat.

Toutes ces collines crétacées sont zébrées par les assises brunes du calcaire dolomique ; leur couleur éclatante sous le soleil et leur aridité, donnent au pays une physionomie qu'on n'oublie jamais.

Le départ pour Ouargla a été fixé au 24 octobre.

La colonne des travailleurs s'est accrue d'un convoi de matériaux et d'une voiture de poudre.

L'effectif est d'environ 300 hommes, 11 voitures, 100 chevaux ou mulets : 150 chameaux porteront les bagages et les vivres jusqu'à Ghardaïa.

La colonne est sous les ordres de M. le capitaine du Génie Du Bois St-Sévrin ; un docteur de Laghouat est chargé du service médical.

2° DE LAGHOUAT A OUARGLA

24 octobre. — De Laghouat à Daya-Ayad

Il fait beau temps ; le camp formé dès hier au soir présente une animation extraordinaire. Tous les corps d'Algérie sont représentés dans la colonne et lui donnent une bigarrure fort originale.

Vers sept heures, nous franchissons le col du Rocher des Chiens pour suivre la piste tracée dans le bas-fond sablonneux limitant au Sud l'oasis de Laghouat.

Au sortir de cette cuvette, près d'un cube de maçonnerie installé comme signal géodésique, les nombreux camarades qui nous accompagnent retournent à Laghouat.

Ce qui du Rocher des Chiens, semble être une plaine parfaitement unie, est un terrain allant constamment en montant, sillonné de rides nombreuses mais peu accentuées. Nous entrons dans la région des dayas. Une daya est une dépression généralement peu profonde et peu étendue du plateau quaternaire, entre le cours de l'Oued-M'zi et la Chebka du M'zab ; une humidité relative entretient, dans ces dépressions, une végétation assez abondante de jujubiers et de béthoums. Il est à remarquer que les jeunes béthoums croissent toujours au milieu d'un buisson épineux de jujubiers ; ils prospèrent ainsi à l'abri de la dent des chameaux. Quand le béthoum est grand, oubliant celui qui lui a assuré l'existence, il prend au sol tout ce qu'il peut donner et le jujubier meurt de faim. C'est un bel exemple de la lutte pour l'existence ; certains diraient d'ingratitude.

Le campement de Daya-Ayad n'est pas défini ; on l'installe au 26e kilomètre dans une maigre daya. Il n'y a pas d'eau ; elle a été apportée de Laghouat par un équipage de chameaux.

Rien de remarquable ; au Nord, on voit encore Laghouat et ses montagnes qui revêtent des couleurs éclatantes au coucher du soleil. De très bonne heure nous dormons sous nos tentes.

---

25 octobre. — De Daya-Ayad à Nili

Réveil à quatre heures, départ à cinq. L'aurore paraît que nous nous mettons en route.

Les chameaux à travers l'halfa, projettent sur le ciel rouge du levant leur silhouette bizarre ; ils prennent une traverse pendant que nous suivons la « grande route ». Celle-ci semble chercher sa direction jusqu'au moment où, traversant le lit de l'Oued-bou-Trekfine, elle en gravit la berge droite pour prendre le Sud-Est. Une belle daya, la daya Raz-Chaab, est à droite ; elle est pleine de grands arbres où chantent les oiseaux.

Le Raz-Chaab, d'une altitude d'environ 800 mètres, sépare les bassins de l'Oued-Mya et de l'Oued-Djedi. C'est sur le plateau qui commence ici et où les dayas sont très nombreuses que le colonel Margueritte faisait autrefois la chasse à la gazelle et à l'autruche ; celle-ci a complètement disparu et ne se retrouve qu'au Soudan.

Insensiblement la route s'engage dans le lit de l'Oued-Nili ; « l'aspect de cette vallée, dit encore M. l'Ingénieur Choisy, présente les plus bizarres contrastes ; point d'eau et toutes les apparences d'un sol modelé par les eaux ; on sent qu'une rivière, aujourd'hui tarie, a jadis animé ce coin du désert. Le lit n'est plus marqué sur le sol jaune, que par un semis sinueux de points verdâtres : des touffes de thym poussent où l'eau a coulé. »

La daya Telemsane, à gauche de la route fort poussiéreuse repose par sa verdure de l'aridité du pays.

Nous arrivons de bonne heure à l'étape. Le terrain de campement est à l'Est d'une maisonnette abritant des pénitenciers occupés à construire une citerne neuve à côté d'une plus ancienne. Ces citernes sont alimentées par les eaux de pluie réunies et dirigées à l'aide d'un barrage coupant le lit de l'Oued-Nili. Le thalweg de la rivière est jalonné par une file de béthoums qui prospèrent grâce aux eaux que conservent longtemps après les averses de l'hiver ou du printemps, les r'dirs (1) nombreux en cet endroit.

Un caravansérail pour le relais du courrier de Ghardaïa est installé à 400 mètres du camp. On ne trouve rien dans cette maison qu'une abominable absinthe. Le patron de l'auberge à qui il est défendu d'en vendre, présente toujours un fond de bouteille, « ce qui lui reste, » dit-il. Ce reste est aussi vite renouvelé qu'absorbé par les hommes de la colonne, le terrain de campement, pierreux à l'excès, étant fortement chauffé par le soleil.

Le pain pris à Laghouat et transporté à dos de chameau, a subi une dessication complète ; les secousses de la marche l'ont brisé et un déchet sérieux s'en suit. En aurons-nous jusqu'à Ghardaïa ? Dans tous les cas, il est très dur ; l'eau des citernes est trouble ; le combustible consiste en touffes de thym ramassées alentour et qui flambent en répandant une forte odeur. Nous commençons sérieusement la vie du désert.

Pendant le dîner, un vent violent s'élève et secoue les tentes d'une façon inquiétante.

---

(1) Cavité, marre où l'eau séjourne longtemps.

26 octobre. — De Nili à Tilrempt

Le vent a tourné au nord et il fait froid ; nous partons au jour.

La piste quitte bientôt le lit de l'Oued-Nili pour gagner un plateau semé de dayas. Malheureusement la poussière est si épaisse et le vent si vif, qu'il est impossible de rien voir et qu'on s'encapuchonne comme en hiver.

A la grand halte, nous nous abritons tant bien que mal derrière des jujubiers.

Cependant vers une heure, le vent se calme, juste au moment où nous arrivons en vue d'une dépression large mais peu profonde; des dayas nombreuses en marquent le fond. Une longue pente douce nous amène aux Souhabine, puis, un petit monticule franchi, c'est l'étape. Nous nous installons vers 3 heures dans la daya de Tilrempt.

Tilrempt est une des plus belles dayas de la région ; elle entoure un mamelon rocheux sur lequel s'élève une maisonnette, amorce d'un futur caravansérail. Au sud, elle renferme à peine quelques maigres jujubiers, tandis qu'au nord, une forêt de grands béthoums donne des sous-bois ombreux que la dent des chameaux a rendus d'une régularité parfaite. Un r'dir presque toujours plein d'eau, sert d'abreuvoir aux troupeaux du voisinage.

Les eaux pluviales sont, comme à Nili, recueillies dans une citerne, surmontée d'un blockhaus où loge le gardien.

Deux puits ont été creusés dans la daya et donnent une eau bien préférable à celle de la citerne toujours trouble et abondamment pourvue d'animalcules variés.

Le camp s'est organisé au pied du mamelon rocheux que la daya entoure comme un vaste croissant, et à l'abri, sur la pente : la moindre averse étant une cause d'inondation.

Il n'y a pas de bois aux environs et les feux s'alimentent avec les branches sèches des béthoums. Le vent souffle de nouveau et comme en hiver, au point de nous rappeler le Nord de la France. Après dîner, calme absolu ; la lune éclaire doucement la daya et le camp endormi.

------

27 octobre. — De Tilrempt à Oued-Settafa

Il fait très froid au réveil ; le r'dir est glacé. La journée s'annonce comme devant être très belle ; tout le monde marche avec entrain. Des canards sortant d'une mare, donnent à un chasseur de la colonne l'envie d'améliorer notre menu ; il manque les canards et nous amuse ensuite beaucoup en racontant les aventures d'un chasseur à l'affût dans un béthoum.

Une longue rampe gravit le versant sud de la dépression de Tilrempt et nous amène au Raz-Besbaïer d'où l'on voit les premières hauteurs du M'zab. C'est au Raz-Besbaïer que commence la région crétacée de la chebka. La route suit le cours de l'oued Besbaïer dont la vallée assez large est bordée à droite et à gauche par une suite de mamelons peu élevés ; le thalweg est marqué par des touffes fleuries. Comme hier, il faut se cacher pour la halte ; le vent s'est levé et nous glace sous nos manteaux. Cependant, les roches se montrent partout, les mamelons s'élèvent et prennent des formes régulières ; nous entrons dans une vallée très large, celle de l'oued Settafa.

Butant contre une des ramifications de la Chebka, la rivière tourne brusquement au nord pour chercher l'oued En-Nessa, qui porte ses eaux, quand il en a, dans la Sebkha-Safioun, au nord de N'Gouça.

Le camp s'installe dans le sable de l'oued, au pied de pentes rocheuses ; on maintient les piquets des tentes à l'aide de grosses pierres.

Une maisonnette au milieu d'une pépinière abandonnée, un relais pour la poste, un puits profond de 48 mètres d'où un chameau extrait l'eau avec une guerba : c'est tout ce qu'on rencontre à l'oued Settafa.

---

28 octobre. — De Settafa à Berrian

Le soleil se lève au moment où nous quittons Settafa. En gravissant la montée du Raz-Zemballa, nous entrons vraiment dans la chebka du M'zab, amorcée depuis Tilrempt. C'est une contrée aride, un filet (chebka) inextricable de vallées se croisant dans tous les sens ; partout des rochers gris surmontant des buttes jaunes.

Après l'oued Zemballa, une nouvelle montée fort dure conduit au Raz-el-Amour ; pendant deux heures on suit l'oued du même nom, jusqu'à son confluent avec l'oued El-Kebch, que nous coupons perpendiculairement à son lit tracé par des béthoums et quelques buissons de jujubiers. A gauche, dans la direction du Nord-Est, se dressent de hauts mamelons roses découpés vigoureusement sur le bleu profond du ciel.

Encore un raz à gravir avant d'entrer dans la vallée de l'oued Soudan qui nous conduira jusqu'à Berrian. Le cours fort sineux de cet oued est marqué par une ravine que nous traversons trop souvent pour les hommes et les chevaux. Les berges s'élèvent peu à peu ; nous sommes dans une fissure de 40 mètres de profondeur, fatigués par une chaleur accablante que les rochers nous renvoient comme des miroirs.

Des hirondelles paraissent ; des alouettes portant crânement leur petite huppe, un marabout noir à tête blanche qui sautille devant la colonne, annoncent le voisinage de Berrian. Une kouba, qu'on prendrait à distance pour un énorme affût de canon, orne la berge gauche derrière laquelle se cache le qsar.

Tout à coup, à un tournant, apparaissent les palmiers de l'oasis. On dirait un rideau d'un vert éclatant tendu entre deux murs fauves. Les dattes pendent aux arbres en gros régimes violets ; partout les poulies des puits grincent pour l'arrosage des carrés de légumes dont la couleur repose les yeux fatigués par l'aridité du pays traversé jusqu'ici.

La route circule dans l'oasis entre des murs en mottes de terre et débouche en face le qsar édifié sur la pente d'un mamelon ; un minaret ventru et cornu s'élève sur la pointe et domine tout, de sa masse couleur de terre cuite et peu élégante. Les maisons s'étagent au-dessous par assises horizontales ; quelques-unes présentent des colonnades ouvertes à l'extérieur, ce qui les fait ressembler à des ruches. Le tout a une couleur gris foncé, barrée par les lignes blanches des terrasses badigeonnées. Un grand cimetière s'étend à droite ; les tombes font saillie et sont couvertes de récipients d'autant plus nombreux sans doute, que le mort a été plus important pendant sa vie.

Le terrain de campement, très vaste, au Sud-Est de la ville, est fort mauvais, très dur et plein de cailloux.

A peine les tentes sont-elles dressées, que le caïd, gros homme à figure bon enfant, vient nous inviter à prendre le café chez lui : nous acceptons sur le champ.

Le logis du caïd n'a rien de somptueux ; nous entrons dans une salle blanchie à la chaux et éclairée d'en haut par une vitre placée dans la terrasse. Au fond, sur une estrade, un lit bouleversé ; sur les parois, des peintures baroques exécutées par quelque artiste ambulant ; un

chemin de fer dont la machine lance une énorme fumée
est surtout apprécié par l'assistance à la grande joie du
caïd. En notre honneur, on apporte une table couverte
de poussière et des chaises ; on sert d'excellentes dattes
et du café maure. Le caïd nous regarde mais ne mange
point. Il nous offre la Djmâa pour la popote ; sa table et
ses chaises sont à notre disposition. La Djmâa ou maison
des hôtes est une construction élevée au fond d'une
petite place où se tient un maigré marché ; elle a un
étage avec galerie ouverte sur la place, et vue sur la
ville.

Pendant le dîner, les Juifs de Berrian, dont la synago-
gue est à côté, psalmodient longuement les prières
de l'ouverture du Sabbat. On voit de notre galerie
l'intérieur de leur lieu de prière, trou obscur, enfumé
par une lampe qui n'a rien de commun avec le chan-
delier à sept branches. Ils sont bien quatre ou cinq,
dont deux à l'intérieur, tout ce qui peut y tenir ; les
autres sont sur le seuil. A eux seuls, ils font plus de
bruit que cinquante. Leur chant lamentable est à peine
terminé que le moudden, du haut du minaret, lance
dans les airs les appels sonores à la prière du mor'reb.
Sa voix semble venir du ciel et fait au milieu du silence
qui enveloppe le qsar une impression aussi profonde
que, chez nous, l'Angelus du soir.

La nuit est magnifique ; la lune produit dans les rues
étroites des contrastes singuliers d'ombre et de lumière.
Malheureusement, se promener le soir dans Berrian,
c'est s'exposer à se rompre vingt fois le cou et nous prenons le sage parti de rentrer au camp.

29 octobre. — Berrian

Le soleil est déjà haut quand on s'éveille et la chaleur déjà forte sous la tente.

Je vais avec le docteur visiter le qsar.

Il occupe le versant ouest d'une colline rocheuse couronnée par le minaret de la mosquée. La ville est ceinte d'un mur crénelé, flanqué de hautes tours carrées ; de larges portes donnent accès dans l'intérieur. Les rues sont étroites et suivent, les unes les horizontales du terrain, les autres les recoupent normalement et vont en divergeant du haut, en suivant les lignes de plus grande pente. Partout le roc est à fleur du sol et présente un pavage glissant et inégal, commode, peut-être, pour les Mozabites qui vont nu-pieds, mais dangereux pour des roumis chaussés de bottes.

Nous entrons dans une maison où nous accueillent de vigoureux « roh, balek ! » : il n'y a qu'à fuir. Plus loin, nous sommes mieux reçus ; on nous introduit par un couloir coudé dans une cour intérieure de forme carrée où s'ouvrent des cases infectes, autant de niches dont nos chiens auraient peur. Des immondices traînent partout ; dans un coin, une guerba suspendue à un crochet en bois contient la provision d'eau. Malgré les instances de la dame de céans, peinte comme une idole, nous fuyons ce lieu à odeurs décidément trop pénétrantes pour des odorats infidèles. A la mosquée, on nous ferme sans façon la porte au nez ; notre insistance fait accourir des Mozabites en gandouras bariolées qui pérorent à qui mieux mieux, en nous menaçant, sans doute, des malédictions d'Allah. Malheureux sur toute la ligne, nous battons en retraite et regagnons le camp après avoir acheté quelques bibelots.

Prévenu de notre insuccès du matin, le caïd donne des ordres pour qu'après-midi on nous laisse visiter la mosquée ; nous y allons tous. Elle se compose d'une série de chambres ouvrant sur une cour intérieure ; ces chambres obscures comme des souterrains, ont des terrasses soutenues par d'énormes piliers en plâtre ; des nattes recouvrent le sol, quelques images grossières venues de la Mecque et représentant la sainte Kaaba ornent les murs maculés par les mains des fidèles. Il faut dire que les ablutions se font très sommairement à l'entrée à l'aide de l'eau d'une guerba. Une porte très basse qu'on nous ouvre, non sans mauvais vouloir, donne accès dans le minaret ; un escalier tournant conduit au sommet. En faisant de la gymnastique, on peut successivement regarder par chacune des baies qui s'ouvrent sur les faces et faire le tour d'horizon.

Partout un massif rougeâtre coupé par la ligne verte de l'oasis suivant les sinuosités de l'Oued ; plus près, des jardins, des aires à battre l'orge, les barrages de l'Oued-el-Bir et le qsar. On plonge dans chaque maison par le vide de sa cour intérieure ; quelques femmes en haillons rouges ou bleus paraissent sur les terrasses : elles rentrent bien vite en nous entendant parler. Le soleil qui descend, avive la couleur rouge des montagnes et donne à toute la région des reflets d'incendie.

Nous rentrons au camp par une rue à pic, étroite, semée d'arceaux formés d'un djerid ployé en ogive et recouvert de timchent (plâtre).

---

30 octobre. — De Berrian à Ourirlou

La route suit l'Oued-el-Bir en longeant l'oasis pour s'engager dans un ravin étroit, le Chabet-M'zab ; par le raz Chabet-M'zab, on arrive dans le lit de l'Oued-Madegh-el-Seg'rir. Partout des mamelons rougeâtres allongeant leur grande ombre sur le sol aride du plateau ; l'un d'eux a exactement la forme d'une tente arabe, mais d'une tente colossale.

Une pente assez rapide amène dans le lit de l'Oued-Madegh-el-Kebir dont la longue vallée est semée d'une végétation relative en contraste avec l'aridité des pentes.

Une colonne de poussière nous indique au loin l'emplacement des voitures qui, chaque matin, devancent la colonne ; elles se dirigent vers une échancrure signalée par deux pitons simulant assez bien les cornes d'un Belzébuth gigantesque. Ce point marque le Raz-Mahboula où se fait la séparation des bassins de l'Oued-M'zab et de l'Oued-en-Nessa, dont les vallées parallèles débouchent voisines, dans la Heicha d'Ouargla.

La route suit l'Oued-Mahboula puis, après un col peu élevé, coupe l'Oued-Ourirlou. Au point de rencontre partent la piste de Guerrara et un chemin pierreux conduisant au puits.

Celui-ci, profond de 74 mètres, est dans le lit de l'Oued semé de petites dunes couronnées de touffes d'alfa ; des buissons de jujubiers donnent une ombre très appréciée par la chaleur qu'il fait.

Il est impossible de décrire, même d'une façon approximative, l'étonnant pays au milieu duquel nous campons.

La vallée de l'Oued Ourirlou est large, bordée par deux chaînes dont la couleur fauve est coupée par places de raies blanches, rouges ou légèrement verdâtres. Ces chaînes sont une succession bizarre de cônes très réguliers, de troncs de cône terminés par une table de pierre, de pyramides, de dômes dont le sommet est protégé par un chapeau pointu et dont les pentes sont ravinées.

Cette multitude de pics jaunes, éclairés par le soleil, fait songer à un paysage de la lune.

Le soir tous ces pitons se revêtent de couleurs aux teintes délicieuses qui se fondent harmonieusement pour disparaître bientôt, dès que le soleil est caché.

31 octobre. — D'Ourirlou à Ghardaïa

Une traverse nous fait couper le lit de l'Oued Niemel et nous ramène sur la « grande route » au pied du Raz Zouili. Il fait un temps magnifique ; l'atmosphère est d'une transparence parfaite.

Du Raz Zouili, la vue s'étend sur un plateau, aux lointains bleuâtres, où les moindres accidents du sol s'accusent vigoureusement par le jeu des ombres, ce plateau semble d'un seul tenant, mais il est coupé en son milieu par la vallée de l'Oued M'zab, marquée par un blockhaus blanc, s'élevant au-dessus du bordj de Ghardaïa. Nous nous engageons insensiblement dans la vallée de l'Oued Zouili (1) dont les parois rocheuses s'élèvent de plus en plus. A un détour, un palmier, un barrage, et nous entrons par un chemin affreux dans l'oasis de Bou-Noura.

Les officiers de la garnison de Ghardaïa, fidèles à la tradition d'Algérie, viennent jusqu'ici nous souhaiter la bienvenue.

De la verdure partout, au tronc des palmiers escaladés par la vigne, sur les murs, dont le sommet disparaît sous des gerbes vertes. Tous les puits sont en mouvement et leurs poulies grincent pour l'arrosage des jardins. Des bambins hauts comme une botte viennent sur les murs pour nous voir passer et poussent des cris joyeux en frappant dans leurs mains.

Nous débouchons enfin dans un cirque sablonneux semé de quelques bouquets de palmiers ; au fond et en face, Beni Isguen dégringole sur les pentes d'une croupe couronnée par un grand minaret jaune. A gauche, Bou-Noura s'étage, au-dessus des berges rocheuses de

---

(1) Une route nouvelle conduit du Raz Zouili au bordj de Ghardaïa. Une pente en tire bouchon fait descendre sur l'Oued M'zab en face le bordj.

l'Oued M'zab ; à droite, Mélika, cramponnée à un mamelon, ne montre que son rempart et des cimetières
aux tombes couvertes de gargoulettes multiformes et
multicolores.

La traversée de l'Oued M'zab est assez pénible : le
chemin, à peine tracé dans le sable, fait de nombreux
détours pour éviter les trop mauvais passages. Le lit de
l'Oued et les berges peu élevées du fond, sont couvertes
de puits entourés d'enclos qui sont autant de jardins.

Le bordj paraît à gauche, et en face, semblable à une
énorme taupinière, Ghardaïa, la capitale du M'zab.

Le camp s'installe sur un terrain plan au pied du bordj
et près du qsar.

Les Beni M'zab sont les descendants de tribus berbères du Nord de l'Afrique qui embrassèrent, dès le premier siècle de l'hégire, la doctrine voulant que l'imanat
ne soit plus l'apanage exclusif de la famille du Prophète,
mais donné à celui que le suffrage universel des croyants
désignerait. La secte nouvelle, née au centre de l'Ara-
bie, était poursuivie et dispersée dès l'an 38 de l'hégire.
Les Kharedjites, comme on appellait les dissidents,
se refugièrent en Afrique et trouvèrent de nombreux
adhérents chez les Berbères. Des luttes sans nombre et
qui durèrent jusqu'à l'an 340 de l'hégire, ensanglantèrent
l'Afrique jusqu'au moment où, décidément battus, leurs
débris se réfugièrent en partie au Sud d'Ouargla. La
haine des orthodoxes les suivit jusqu'au fond du désert
et en l'an 402 (1012-13), obligés de fuir encore, ils vinrent
fonder sur l'Oued M'zab la ville d'El At'f. Cinquante ans
plus tard une confédération était constituée par sept
villes peuplées de Kharedjites et de quelques tribus
arabes qu'ils s'étaient attachées.

La population du M'zab est d'environ 30,000 âmes,
d'une race généralement petite et trapue ; la face est
large et plate, le teint pâle et mat. On reconnaît facile-
ment le M'zabite dans les villes du Tell où il s'expatrie

et où il exerce les professions de boucher, de marchand d'épices ou de légumes ; presque toujours il est vêtu d'une gandoura à dessins et de couleurs vives et coiffé d'une chéchia couverte d'un haïk en coton qui lui encadre la figure.

Les Mozabites ont une administration spéciale reconnue par l'autorité française qui exerce un contrôle vigilant ; les mœurs sont particulières, plus sévères extérieurement, que celles des autres musulmans. Ils sont propres et ont réalisé dans leurs villes des progrès sérieux au point de vue de l'hygiène générale.

On est très étonné de trouver en entrant à Beni-Isguen une latrine publique analogue, sauf le mode de construction plus primitif, à celles qu'on voit en France.

La création des jardins du M'zab dans une région aride et désolée montre ce qu'il y a eu d'énergie et de ténacité chez ce petit peuple chassé de partout. L'entretien de ces jardins est l'occupation principale de la majorité des habitants.

Il semble qu'il existe sous le lit de l'oued M'zab, une nappe souterraine ou des sources que des puits nombreux mettent au jour ou recueillent. Le niveau de l'eau dans ces puits varie avec la quantité de pluie tombée dans l'année. Une averse est un événement dans cette région desséchée par un soleil implacable ; une crue de la rivière est une bénédiction et donne lieu à des réjouissances publiques : on fait part de la bonne nouvelle aux frères résidant dans le Tell. « Le Mozab, il est plein » est la phrase qui circule partout.

Pas une goutte d'eau n'est perdue ; des barrages construits et entretenus avec le plus grand soin la maintiennent dans la limite des jardins.

En temps ordinaire, le M'zabite passe son temps à arroser son champ ; un mulet ou un bourricot, plus rarement un chameau, sert à tirer l'eau du puits. Une guerba terminée par un tube ouvert, en forme de trompe est descendue dans le puits à l'aide d'une corde passant sur une poulie ; une autre corde un peu plus courte glisse sur un rouleau placé à l'ouverture et maintient le tuyau de cuir relevé. La guerba remplie est remontée par le mulet, qui suit une piste pavée et en pente douce, longue de la profondeur du puits ; dès qu'elle émerge, la corde fixée au tuyau attire celui-ci au-dessus d'un bassin, pendant que la guerba continue à s'élever ; le tuyau allongé, le récipient se vide de lui-même et l'opération recommence. Un enfant surveille et active le travail pendant que le père dirige l'eau. Un système de canaux l'amène partout où il y en a besoin ; les rigoles prennent toutes les directions, s'enchevêtrent, passent l'une au-dessus de l'autre, traversent des ravins et vont quelquefois fort loin porter l'onde bienfaisante.

Nous n'avons pu voir que les quelques enclos voisins du camp ; l'oasis qu'on dit de toute beauté, surtout au printemps, est à 3 kilomètres en amont de Ghardaïa dans le lit de l'oued M'zab.

Ghardaïa est en tout semblable à Berrian pour l'aspect et le genre des constructions.

La ville est bâtie en amphitéâtre, tout autour d'un mamelon conique dont la mosquée occupe le sommet ; éclairée par le soleil, on dirait un relief en liège bruni par le contact de l'air ou un monumental pain d'épices rayé de lignes glacées.

Un bordj a été élevé sur la rive droite de l'Oued, sur un éperon rocheux d'où l'on commande Ghardaïa, Mélika et Beni-Isguen. Du promenoir couvert du premier étage on a une vue merveilleuse sur cet étrange pays, si complètement ignoré encore et cependant si digne d'attirer l'attention.

Le soir, un vent violent, soufflant par la vallée du M'zab, amène une vraie tempête de sable.

1ᵉʳ novembre. — Ghardaïa

C'est jour de la Toussaint. — Les pères blancs disent une messe à l'intention des soldats morts dans le Sud pendant l'année courante ; les officiers de la colonne et les hommes des divers détachements se font un devoir d'y assister.

Les pères blancs possèdent à Ghardaïa et en dehors de la ville une petite maisonnette très propre ; une chapelle a été installée dans une des chambres. Ils s'occupent exclusivement de la garnison française et de l'instruction des jeunes M'zabites. Un grand nombre d'enfants fréquentent leur école et y arrivent à des résultats surprenants.

Rien n'égale la modestie et le dévouement de ces hommes dont l'hospitalité si cordiale sera un des meilleurs souvenirs du voyage.

Le vent toujours violent nous donne une journée détestable occupée par les préparatifs du départ.

---

2 novembre. — De Ghardaïa à Noumérat

Nous partons au soleil levant rétardés par le chargement de nouveaux chameaux, peut-être plus enragés que les premiers.

La route longe les murs de Beni-Isguen percés de créneaux et flanqués de tours à deux étages, pour gagner la rive droite de l'Oued-N'tissa dont la vallée renferme l'Oasis. Les rives de l'Oued sont occupées par de nombreux cimetières dont les tombes surchargées d'alignements serrés de gargoulettes, donneraient des échantillons curieux à un collectionneur.

L'oasis entourée d'un mur en terre et de tours de garde commence à un kilomètre de la ville, à l'endroit où la route gravit par un lacet des plus raides la berge droite de l'Oued ; les palmiers s'enfoncent dans le ravin comme un bras vert dans la masse jaune des plateaux d'alentour.

La route d'El-Goléa nous quitte à droite à côté d'une haute gara (1) dont le sommet plan semble occupé par un cimetière. Un poteau indicateur à la bifurcation est d'une éloquence rare :

    Metlili des Chambaa. 21 kilom.
    Ouargla. . . . . . . 180 kilom.

A gauche, une échancrure nous découvre un coin ensablé de la vallée du M'zab. On aperçoit les palmiers des jardins d'El-At'f, la ville qui complète la pentapole de Ghardaïa.

La route descend un plateau rocheux, avant goût de la hamada que nous rencontrerons dans deux jours. Deux gour énormes, les Zebbicha, jalonnent la direction fort incertaine de la piste ; elle erre, en effet, comme à plaisir et sans but apparent, sur un sol aride et couvert de tables de rochers.

Tout à coup, à droite, les coupoles blanches des puits de Noumerat apparaissent derrière un pli de terrain. Un chemin long d'un kilomètre nous y conduit.

Les puits sont creusés dans le lit de l'Oued-Noumerat, au pied d'une gara dont la pente est couverte d'un épais buisson de jujubiers. Le camp s'installe sur la rive gauche, au pied de la gara, à l'abri des inondations soudaines et toujours possibles. L'eau des puits, fort bonne, est à 2^{m}50 et moins de profondeur ; il suffit de creuser le sol pour en trouver ; aussi les Arabes ont-ils fait en ce point de nombreuses excavations constituant l'oglat Noumerat.

---

(1) Nom donné aux mamelons isolés du M'zab et aux débris du plateau le long des berges de l'Oued-Mya et de l'Oued-Igharghar. Gara fait au pluriel gour.

Au soleil couchant qui dore tout le paysage, je gravis la gara dont le sommet est occupé par un cimetière arabe. Un mquam, au centre duquel se dresse une colonne, sanctifie ce lieu. Des guenilles sans nom entourent la pierre et sont autant d'hommages à l'adresse du marabout qui s'assit un jour sur ce sommet depuis lors vénéré.

Nous sommes loin de nos chapelles, si souvent prétentieuses, avec leurs Saints d'un goût si douteux et où s'arrêtent à peine les vieilles de nos villages. Un Arabe passe-t-il à proximité, il vient se prosterner devant cette pierre, sans autre témoin que le ciel et le désert qui l'environne ; sa prière achevée, il déchire un pan de son burnous et entoure d'une guenille sordide la pierre objet de sa vénération.

Le sommet de la gara est couvert de roses de Jéricho, humble plante que la légende chrétienne mêle au nom de la Vierge-Marie ; d'une racine pivotante de quelques centimètres de longueur, sortent des brindilles desséchées, terminées par de gros boutons grisâtres. C'est toute la plante ; plongée dans l'eau, ses boutons s'épanouissent en des fleurs ternes semblables à des chrysanthèmes. Ce privilège est, paraît-il, la récompense des services rendus à la Sainte-famille fuyant au désert d'Égypte.

La soirée s'achève paisiblement sans crainte du rezzou (1) qui fréquente souvent cette région, où Noumerat est un point d'eau pour les nomades.

---

3 novembre. — De Noumérat à Zelfana

A cinq heures levée du camp ; la lune à son dernier quartier éclaire la piste à travers le lit sablonneux de

---

(1) Le rezzou est le groupe de pilliards qui fait une razzia ; la harka est l'expédition elle-même.

l'Oued-Noumerat. Au soleil levant, nous trouvons les échafaudages d'un forage commencé : les abris en djérids qui l'entourent sont en fort mauvais état.

Là, commence une vallée longue, monotone, où la piste est couverte de cailloux. Nous quittons la Chebka du M'zab pour les hamadas (1) pierreuses et désolées, découpées en guentras par les Oueds qui se dirigent sur la Heïcha.

Au dire des géologues, la Chebka crétacée du M'zab aurait été un récif de la mer quaternaire saharienne ; un soulèvement du sol qui précipita celle-ci dans le bassin de l'Oued R'ir, produisit ces érosions profondes et parallèles nommées aujourd'hui, Oued-en-Nessa, Oued M'zab, Oued Metlili.

Le soleil s'est voilé fort heureusement et la chaleur est relativement modérée, pendant le long repos de deux heures que nous faisons au 670e kilomètre. Le plateau est nu, aride et pénible à la marche.

Une région accidentée, puis le plateau qui recommence nous amènent vers 4 h. 1/2 en vue de l'Oued M'zab. Tout au loin, un point blanc, sur l'autre bord, indique le lieu du campement. Ce n'est qu'à la nuit tombante et après avoir traversé un banc de sable que nous arrivons aux puits. Il y en a deux constituant l'Oglat-Zelfana au pied d'une butte rocheuse avancée en cap dans le lit de l'Oued. Une maisonnette couronne le monticule et héberge la popote. Le lit du M'zab contient une quantité de broussailles qui alimentent les feux du bivouac fort maigres depuis quelques jours.

---

(1) Hamada, plateau rocheux. Guentra, partie de la hamada entre deux oueds.

4 novembre. — De Zelfana à El-Oucif

Une traverse malheureuse nous ramène par monts et vallées sur la route quittée hier. Au Nebket-el-Arich, terrain de sable mamelonné, les voitures qui n'avancent que difficilement restent en arrière. Un ravin débouchant dans le M'zab, donne du sable jusqu'aux genoux.

Nous sommes dans une dépression peu profonde mais d'une grande étendue. Une piste en suit le thalweg et va au puits abandonné d'Haniet-el-Baguel dans le lit du M'zab, dont nous quittons définitivement la vallée.

Une longue rampe en pente douce nous ramène sur la hamada. Il fait très chaud ; sur le bord du plateau, une petite brise rend agréable la grand halte. Le pays est d'une nudité sans pareille : c'est le désert absolu. Nous campons au 90ᵉ kilomètre, compté de Ghardaïa. L'eau a été apportée de cette dernière ville par un long convoi de chameaux qui a cheminé à côté de nous. Un mulet est mort sur la route un peu avant l'étape.

Sur le soir un coup de vent amène un nuage de sable ; quelques tentes s'abattent mais, ce qui est plus triste, notre maigre dîner trop soupoudré est immangeable.

---

5 novembre. — D'El-Oucif à Oberat-el-Ghema

Le plateau d'hier se continue à perte de vue et tout autour de nous ; au lever du soleil, les quelques rides du sol s'accentuent par l'ombre qu'elles portent et ajoutent encore à la tristesse du pays. A midi la dépression d'Oberat-el-Ghema est en vue ; un mauvais chemin, où le roc est taillé en escaliers, conduit au puits.

Il a 84 mètres de profondeur ; un chameau avec un

énorme delou (1) en tire dix litres d'eau en trois minutes. Des bassins en pisé, badigeonnés à la chaux, tiennent à peine un peu du liquide qu'on y déverse et comme l'eau s'épuise rapidement, nous sommes à la ration.

On a essayé une plantation de palmiers à côté du puits : le gardien ne doit pas l'arroser souvent, car elle a piteuse mine.

L'aridité de la cuvette est encore plus grande, si possible, que celle du plateau d'hier ; le soleil nous chauffe sous nos tentes comme à plaisir.

La soirée est fort belle.

---

6 novembre. — Oberat-el-Ghema

C'est dimanche et séjour.

Il faut croire que la toile des tentes fait loupe, car dès 8 heures, la chaleur est si intense qu'on n'y saurait tenir. Un dimanche au désert est peut-être original, mais n'a rien d'amusant.

Les hommes cuisinent tout le jour et nous aussi.

---

7 novembre. — D'Oberat-el-Ghema à Nahama

Toujours même pays et même route. A 9 heures nous sommes au campement.

Nahama est une dépression aux pentes sablonneuses couvertes de drin (2). Un puits dont le forage a été

---

(1) Vaste récipient en peau de chèvre servant soit à puiser l'eau, soit à la maintenir fraîche par évaporation.

(2) Arthrathérum pungens : fourrage remplaçant la paille.

abandonné est au centre. Une hutte en djérids faite pour les travaux, nous est fort utile comme abri, contre le soleil.

L'eau est venue d'Ouargla.

La journée est chaude : on l'emploie à dormir.

---

8 novembre. — De Nahama à Mellala

Nous partons vers quatre heures du matin ; un lacet assez raide nous ramène sur le plateau. Le ciel est magnifique, la lune blanchit le sable au point que l'on dirait marcher dans la neige.

L'aurore paraît et pendant plus d'une heure nous assistons aux différentes phases d'un splendide lever de soleil.

Depuis le jour, on voit à l'horizon, d'énormes dents de scie et un triangle équilatéral d'une régularité parfaite: c'est le Ghourd (1) Mellala et les dunes voisines plus petites.

Au soleil levant, nous sommes en vue du chott (2) de Mellala. En face, dans un bas-fond, s'étend une sorte de plaine partagée en bandes de couleurs différentes ; la plus rapprochée est rose, la deuxième verte, la troisième blanche. A droite, la grande dune s'élève resplendissante au soleil: c'est la Jungfrau du désert avec son cortège de monts plus petits. Au fond, la falaise du chott donne une ligne d'ombre qui fait ressortir encore les autres couleurs. Cependant, nous descendons à travers un dédale de mamelons de toutes les formes, vestiges de l'ancienne berge de l'haoud (3) Mellala déchiquetée de la

---

(1) Ghourd, pl. Oughroud, grande dune.

(2) Chott : lac peu profond et salé.

(3) Dépression en forme de cuvette.

façon la plus bizarre. Ces vestiges sont roses et la couleur donnée par le sable s'étend très loin dans le chott.

Un puits est à l'entrée de l'haoud, au 769ᵉ kilomètre. En penchant la tête sur l'ouverture, on sent une odeur pharmaceutique ne laissant aucun doute sur la nature de l'eau qu'il renferme ; il est d'ailleurs abandonné quoique neuf, et n'a jamais servi.

La piste dans le chott est pénible à la marche. Nous entrons dans la teinte verte produite par d'innombrables fragments de silex. Une pente insensible conduit au fond de la cuvette. Ici on circule à travers des monticules coniques de gypse dont les plus hauts ne dépassent pas un mètre ; quelques-uns ont la forme de cratères et laissent apercevoir, au-dessous d'une couche de gypse formée d'aiguilles accolées, une boue d'argile sablonneuse jaune ou blanche. On dirait un lac aux vagues subitement solidifiées. Plus loin des efflorescences couvrent le sol devenu d'un blanc éclatant.

Un deuxième puits est au delà, à 100 mètres à gauche sur la pente. Le camp s'installe dans son voisinage en vue de la grande dune et à côté de bancs de sable couverts de drin, d'éthel et de rêtem. L'eau du puits est légèrement saumâtre. Un troisième, dont l'eau est meilleure, a été creusé 800 mètres plus loin ; toutes les cuisines vont, malgré la distance, s'y approvisionner.

Au coucher du soleil nous faisons, à trois, l'ascension du Gourd Mellala en gravissant l'arête d'un sif. Chacun emboîte les pas de son devancier, et fait des prodiges pour maintenir l'équilibre. Des deux côtés de l'étroite arête, semblable au tranchant d'un sabre (sif), se développent sur 60 mètres de hauteur des surfaces d'un degré très supérieur et d'un modelé parfait.

Quand nous atteignons le sommet, le soleil est malheureusement caché et nous devinons seulement l'étrange panorama qui se développe à nos pieds. C'est une mer figée avec des taches vertes entourée de falaises aux reflets de cuivre rouge faisant songer à une vaste chaudière.

L'obscurité arrive trop vite et nous force à descendre ; nous dégringolons sur les belles surfaces de tout à l'heure en enfonçant dans le sable jusqu'à mi-jambes.

Au camp, on dîne en plein air. Un camarade venu d'Ouargla nous édifie sur le pays et nous donne du pain délicieux : le nôtre vieux de sept jours est trop dur.

9 novembre. — De Mellala à Ouargla

Le dernier jour de marche s'annonce bien ; la route gravit immédiatement la berge Sud de l'haoud Mellala ; nous la cherchons dans le sable à travers un dédale de cônes éclairés par la lune, dans d'étroits couloirs où les ombres sont vigoureusement accentuées.

Voici la dernière guentra, puis au jour une nouvelle dépression ou plutôt une suite d'effondrements aux formes fantastiques. La région se nomme El Koum.

A gauche, s'ouvre un débouché sur l'Oued Mya : une mer de dunes fuyant à perte de vue dans la direction du Nord-Est ; on voit l'oasis de N'gouça comme l'ombre d'un nuage sur le sable.

Il est dix heures ; au bout d'un long couloir bordé de dômes, de cônes, de pyramides, un spectacle éblouissant apparaît à nos yeux. Le bassin d'Ouargla s'étend tout entier devant nous.

Au centre, une masse d'un vert sombre, qui se ramifie dans toutes les directions est assiégée de tous côtés par des dunes dont les arêtes étincellent au soleil ; à gauche, du sable jusqu'aux limites du chott bordé de hauts mamelons ; en face et au delà de l'oasis, une plaine, dont l'horizon se perd dans la brume.

Elle est coupée, sur la gauche, par une ligne de hautes dunes blanches, prolongée par une file de gour connus sous le nom d'El Bekrat. A droite, une masse énorme, de forme trapézoïdale et de couleur sombre, s'accentue singulièrement par des arêtes de couleur rose. C'est le Krima, l'ancien oppidum de la région comparé par le colonel Trumelet à « un vaisseau démâté errant abandonné sur des vagues embrassées qui assaillent ses flancs avec fureur. »

Ce spectacle incomparable nous console de bien des misères et nous fait envisager avec moins d'appréhension l'hospitalité si redoutée de la Reine des Sables.

Nous arrivons au bord du Chott, au pied d'une gara qui porte le fort de Ba-Mendil ; ce bordj actuellement ruiné ne contient plus un local habitable.

Une chaussée permet la traversée du Chott et nous amène à la « corne » de l'oasis ; un chemin étroit, jusqu'à l'entrée du qsar.

Nous débouchons à la Bab-Azi, poterne où un bourricot peut à peine passer.

Le bordj des Beni-Thour est au sud, à 800 mètres de la ville ; nous nous y rendons en longeant le rempart.

Le camp s'installe à l'Ouest du bordj et s'y organise pour de longs mois.

ALGER. — TYPOGRAPHIE ADOLPHE JOURDAN.

146

ALGER. — TYPOGRAPHIE ADOLPHE JOURDAN.

www.ingramcontent.com/pod-product-compliance
Lightning Source LLC
Chambersburg PA
CBHW061256060726
47596CB00002B/613